Daily Wisdom

爱与秩序

海灵格人生智慧箴言

[德] 伯特·海灵格（Bert Hellinger）著　[德] 索菲·海灵格（Sophie Hellinger）审校
张瑶瑶　编译

机械工业出版社
CHINA MACHINE PRESS

图书在版编目（CIP）数据

爱与秩序：海灵格人生智慧箴言 /（德）伯特·海灵格（Bert Hellinger）著；张瑶瑶编译．—北京：机械工业出版社，2021.1（2025.5 重印）

ISBN 978-7-111-67022-3

I. 爱… II. ① 伯… ② 张… III. 人生哲学 – 通俗读物 IV. B821-49

中国版本图书馆 CIP 数据核字（2020）第 248031 号

北京市版权局著作权合同登记 图字：01-2020-1698 号。

爱与秩序：海灵格人生智慧箴言

出版发行：机械工业出版社（北京市西城区百万庄大街 22 号 邮政编码：100037）

责任编辑：杜晓雅	责任校对：李秋荣
印　刷：固安县铭成印刷有限公司	版　次：2025 年 5 月第 1 版第 6 次印刷
开　本：170mm × 230mm 1/16	印　张：21.75
书　号：ISBN 978-7-111-67022-3	定　价：79.00 元

客服电话：（010）88361066 68326294

结束的地方，即是开始。

Bert Hellinger

Daily Wisdom 写给中国读者的话

小小的行动往往带来大大的结果。

这句话不仅对个人成长有用，而且适用于每一个人、每一天的行为。现在，你手中的这本书，你正在读的这本书，也是每天一个小行动的结果。海灵格学校（中国）每天从伯特·海灵格的智慧中精挑细选一句话，在配上图片之后，制作成“海灵格每日一句”海报在社交媒体上发送出去。许多人是在读到某一天的“海灵格每日一句”并感觉自己被打动之后，才第一次知道海灵格家族系统排列的。到现在为止，我们已经连续两年多，每天都送出一句海灵格智慧箴言。机械工业出版社华章分社的编辑李欣玮发现了这个作品，然后我们达成出版协议，也就有了这本书。这本书本身就是一个实例，呈现了一个小小的行动可以带来什么结果。

我的丈夫伯特·海灵格，不仅是一位真正的心灵大师，也是一位语言大师。即使在语言经过翻译之后，你的心灵也能被他的智慧所感动，甚至你也能感受到他的语言中透露出的美感。他所著的每一本书的德语原文，你读起来，就像是在读一首首美丽的诗歌。

每个词都有它的能量，一切都有自己的能量，属于自己的领域。如果你在生活中遇到一些困难，或者如果你正处于一些让你头疼的关系中，我建议你在睡觉之前，首先关掉你的电视、手机或其他所有电子设备，因为这些电子设备会破坏你的身体场域，影响你的良好睡眠，影响你的身心恢复。然后，请你捧起这本书，并翻到你想读的那一页，慢慢读句子。你可以根据需要阅读，并把书放在床边，之后你就可以带着这本书所创造的海灵格智慧场域，一起去睡觉了。

如果你每天都能用这种方式练习，我相信这个小行动会带来你无法想象的大结果。

是否还有其他方法让你加入我们，让你能够更深入、更贴近地进入我们的海灵格场域？

当然有。请通过我们的书，通过海灵格学校的在线课程，也通过海灵格学校的线下工作坊加入海灵格场域，并实践海灵格的智慧。从你的每一个小小的行动开始。

我们等待着，等待你和我们一起，肩并肩、手拉手地深入参与到这一场域。

索菲·海灵格

2020年6月

是什么特别的方式让我们每个人都得以独一无二地生活着？

是爱。

我们放弃所有旧有的希望，

这就是自由。

放下就是无为而为，这往往是最有力的行动，

它需要极高的觉知与决心，以及真正的力量。

- 最首要的归属是对父母的归属。

- 想要成功的人总是看向未来。

- 我们只能错过短暂的事物，而那些为我们永恒存在的事物，我们从未错过。

- 不需要去抓取什么，我们就被给予。

- 我只要同意某人，某人就会平静下来；我只要同意一个状况，这个状况也会平静下来。这样一来，所有该完成的行动将不会遇到任何阻碍。

- “接受”带给我们动力，
  “接受”使我们保持“空”，
  “接受”让我们成为自己。

- 完整的告别，
  淡淡的告别，
  任何时候都符合创造性的移动。

- 疾病是灵魂富有创造力的移动。

- 助人者就像一口活泉，
  持续流出泉水来，
  但助人者并不是泉水本身，
  他只是让泉水流出的管道。

- 唯有男人尊重女人原本的样子，女人也尊重男人原本的样子，伴侣关系才可能成功。

- 伟大的爱，深爱着每个人原本的样子，它超越好与坏，超越大规模冲突的概念。

每一次回首，都是在逃避幸福的恩赐。

得到幸福需要付出勇气，因为最终的幸福不只是一份不劳而获的恩赐，其中还带有一份谦卑。

- 臣服于母亲，并非一件容易的事，
  它是一个成就。

- 结束人生的某个阶段对我而言不是特别困难的事，
  我总是向前看，迎接未来。

- 除了听从内心、顺势移动，我看不出有其他的方法可以让人得到力量。

- 如果我的举止行动都要迎合大众口味，那我就不再是我自己。

- 除了母亲，无人可以为你打开通向父亲的道路。

- 带着洞见与能量，未来早已存在，它只需要显现出来。

- 受苦比解决问题来得容易，承受不幸比享受幸福来得简单。

我不会对某人的改变提供解释，
只要他说有好转就足够了，
解释总是多余的。

我们不为他人的遭遇或者发
生的事情感到担忧，
因为一切事物都在如其所是
地走着它应走的路。

- 助人的第一步是归于中心。

- 有时候，承受疾病比承受真相来得容易一些。

- 其实命运的力量总是在成就所有人，无论人们内心对于这样的成就是敞开的还是封闭的，是同意还是抗拒。

- 当有人在伴侣关系中认为自己有权责备、教育或者改变另一半时，他是在假设自己拥有只存在于亲子关系中的父母对孩子的权力，结果常常是让另一半因为压力变得疏离，并且在关系外寻找平衡和出口。

- 允许小孩模仿自己的父母，
小孩才有机会挣脱父母的“魔咒”并从中成长。

♥ 扮演受害者的角色是一种技巧高超的报复。

♥ 其实，未来早已存在，它只是在等待出现的契机。

♥ 只有当我的目光朝向解决方案时，我的直觉才会产生效用。

精神疾病也在寻求爱的解决之道。

只有放下我执，
我们才能够真正地与万物同为一体。

只有在面对即将发生的事时，
也就是面对真正在我们眼前的事、我们必须接着做的事时，
我们才有可能专注。

一切如是的善意，
让所有的人和事物留在自己所属的地方，
让他们独自追随并实践命运的安排。

只要每个人都明白家族系统排列是无法被掌控的，那么它就能保持纯净。

宇宙当中，没有巧合，没有偶然。

一个恨自己母亲的人，能去爱谁呢?

- 如果将来已经在我们之中，我们就会用不同的方式，在将来的面前爱着我们所爱的，也会用不同的方式，在将来面前失去我们所失去的。

- 在父亲的手中，孩子才能够获得通往这个世界的道路。妈妈是做不到的。

- 越是抱怨父母，就越是限制了自己。

- 那些源自罪恶感，或自我惩罚的移动，都是朝向死亡的移动。

- 金钱具有灵性的一面，对于公平、正义有着敏锐的感觉。

♥ 未来就在我们眼前，但如果仅仅是梦想着未来，那它就不在眼前了。只要我们踏出一步，就是向未来前进了一步。

♥ 我们怎么看待母亲，我们就怎么看待生活；否定母亲，就是否定生活。

每一个行动，都会给我带来一份礼物。

只有让当下完全地属于此时此刻，我们才得以成功，让我们的想法与感受完全聚焦在可能的事物上。

- 我们通过与自己的父亲融合，才能找到灵性的归路。

- 懂得时间，就懂得放下。

- 所有的看法都是在为行动做准备，并且会通过行动瞬间扩展提升。

- 我们尊重属于父母个人的命运，并且允许他们去做只有他们可以做，也是必须去做的事情。

- 人必须要有勇气才能得到幸福。

- 没有爱，就没有生命。每一个人都是自己的“灵”。

- 爱的序位要求孩子全然接受承袭自父母的生命，毫无抗拒和恐惧地接受父母如是的样貌，而不期待他们有任何不同。

- 男女之间的关系在最开始的 15 分钟内，就必须运作得很好，如果不是的话，就算了吧。因为 15 分钟内所有的规则都建立好了，之后没有什么事情会改变。

❤

愤怒通常是爱的替代，

以爱接近某人远比以愤怒接近更有挑战。

❤

在关系中，

清白者往往是比较危险的人，

因为清白者心怀极度的愤怒，

会在关系中做出严重的破坏性行为。

- 孩子面临一项特殊任务：借由与心灵深处那股伟大力量的联结，来超越命运残酷的表象，而让自己从牵连纠葛及其所造成的后果中解放出来。

- 为了弥补自己的缺陷，许多人拒绝全然接受他们的父母，他们试着追寻所谓的“开悟”或“自我实现”。此时所谓的“开悟”和“自我实现”只是一种寻找理想父母的替代行为。

人只要放下恐惧，眼前就会出现道路，最后一路平安。

如果我们不再索求、不再执着，伤痛就可以过去。

- 多愁善感守护着一种不为人知的幸福。

- 家庭治疗有一个原则，真正的好与坏常常跟展示出来的表象相反。

❤

鞠躬让你远离坟墓。

人不需要认识认同的人，
因为导致认同的压力来自系统，
它在人无意识的状态下运作。

迈向成功的每一步都是一场冒险。

- 我们经常讨论和自己母亲的冲突，
  但是解决方案在于外婆。

- 没有什么比快乐的感觉更美好了，
  但是快乐需要你努力工作而得来。

● 当下是唯一的，往者已矣，来者可追。

● 在生命中，有多少时刻我们是活在虚幻里？有多少时刻我们自以为正在爱？什么时刻才是最真实的呢？只有现在。

♥ 在两人关系中，

过度付出的那一方是在破坏这段关系。

因为付出太多的那一方居于权力的位置，

在逼迫他人。

如果我给了太多，

我就像个妈妈了。

❤

我们往往很难控制自己的心，
因为其中的爱仍然需要经过净化来启发灵性。
心总是在寻找『灵』，
一旦它敲响了『灵』，
它就找到了自己的核心和本质。

问题来源于头脑，
而且问题永远联结着过去。
当下不存在问题，
只是过去还联结着现在。
没有过去，
就没有问题。

告别，说再见，
然后向前看，
看向生命的服务，
这体现的就是爱。

- 具有攻击性的孩子，正是因为这种攻击性，他才能存活。他们与死亡抗争，他们想战胜死亡。

- 一个始终认为自己是受害者的人，无法进行有效的行动。一个看向过去的人是没有未来的。

♥ 伟大的事业都不是在一个舒适的角落里完成的。

♥ 爱通常是经受不起堕胎的。

- 每一个与我们亲密相遇的人，对我们来说都是命运，无人能逃脱，无论你我。

- 爱，让人感恩的爱，就是我们赞同他如他所是，完完全全如他所是。

- 成长的意思是，
  我把一些新的东西接纳到内在，
  那些东西成为我的一部分。

- 没有母亲，
  女人就没有男人。
  没有母亲，
  男人就没有女人。

没有平衡就没有伴侣关系。

这是一个铁律。

一个不尊重自己的父亲，

并认为对于他的母亲来说自己比父亲更好的男人，

对于女人是没有任何尊重的。

通常是这样，当命运很沉重的时候，一个人在已经找到解决方法之后，还是会再次倒退陷入命运的羁绊。治疗师是无法插手干预的，他必须放手。

一株小小的植物需要特别精心的照料。一棵参天大树，自给自足。

- 纠缠其实都是越界。如果一个人想要为另一个人承担其命运，那么就越界了，因为只有待在自己的界限之内，每个人才会完整。

- 如果付出爱的人想要代替他所爱的人去做一些事情，这会给他所爱的人带来负担，而不是帮助。

- 个体再次做出在儿童早期曾中断的朝向母亲的移动，意味着什么？意味着我们再次回到当时的情形，再一次成为当时的孩子，看向我们当时的母亲，不管当时不断增加的痛苦、失望及愤怒，仍然向着她迈出一小步——带着爱。

- 现在就是一切，过去都不存在。

我们的生命充满着兴奋的张力，
正在等待爱的冒险，
不惜一切代价。
她在等待那决定性的“是”，
真心而义无反顾。

担心并不是真正的爱，
真正的爱是放松的。

我们因为不完美而美好。我用我的右手，握着我的不完美，跟随在他们身后，我在他们身后感到安全。

每件事都有它的位置，而每一件事都是好事。

- 治疗师不过是一个陪在病人身边，同时提供一个个空间让病人安在其中，并陪伴他们找到自己力量的人罢了。

- 如果我把助人者模拟为战士，那么他就是永不欢庆胜利的战士。其他人庆祝打胜仗的时候，助人者已经转向下一项治疗工作，把完成的工作抛在脑后，迈着自由的步伐往前走。

我们放开彼此的手，
踏上各自的旅程，
但仍彼此联结着，
并在这份爱中，
感到自由。

命运，
就是家庭成员对家庭的忠诚。

- 序位低者永远不能帮助序位高者。这同样适用于兄弟姐妹之间。

- 作为男人，作为完整的男人，要找一个女人，一个真正的女人。

- 男人要在父亲身上学会尊重妻子，而女人要在母亲身上学会尊重丈夫。

当我们看到一段关系只是时间问题的时候，
那么被赠予的时间就是宝贵的。
认识并承认这点，
关系就会达到一个特别的深度。

受苦比解决问题轻松，
不幸福比幸福轻松得多。

❤

拒绝父母的人，
也在拒绝自己，
并且会因此感受到无法自我实现、
盲目和空虚。

❤

女儿们因她们的母亲而美丽，
并且幸福。

♥ 舒适的生活不是全然的生活。
全然的生活不止于此。

♥ 助人者的安全位置
是最末的位置，
在那里，
他拥有力量。

- 一颗母亲的心知晓一个孩子需要什么，而母亲也会去做到，但如果她在一本书中读到人们应该怎么做，她就会做错。

- 做好父母意味着，有时必须让孩子失望，拒绝孩子的要求，允许孩子有负面的经历，去失败，从而学习。

- 爱和秩序的冲突是所有悲剧的开始和终结。

- 恶毒的人往往表现得慈悲，
  慈悲的人则常常表现得恶毒。

- 如果害怕正视家庭的真相，
  人只能停留在问题的表层，
  不只是对于自己，
  对于家庭也没有解决方法。

- 感到愧疚是在替代实际行动，那些感到愧疚的人什么也不做，他们保持消极。

- 没有沉重的成功，任何艰难的事情都是有误的，如同爱一样，轻松的爱是宽广的，也是幸福的。

- 紧紧抓住过去，你就限制了自由，想控制未来也会如此。

- 真爱是谦卑的，让人知道自己在关系中的限制以及不可逾越这些限制。有股伟大的力量引导着每个人的生命，那也是我们所有人必须去侍奉的力量。

- 新的一天紧随着旧的一天接踵而至，唯有抛下旧有的愉快和喜悦、辛劳和痛苦，才会有新的一天。

- 从哪里可以看到灵魂呢？答案是从眼睛里。当男女凝视彼此时，只能看见灵魂，没有别的。

♥ 产生心理疾病的原因之一，是人在潜意识里压抑了对亲人的爱。将爱和尊敬说出来，重新唤起人们内心深处淳朴的家庭亲情，疾病就有康复的可能。

♥ 太过热心帮助别人就是在逃避自己的问题，而且帮助别人会让你有优越感。

认同是成为自己的唯一工具。一旦认同，我们就不再反对或者拒绝任何事物。反抗和抗拒意味着自我分裂。

通过受苦而和自己的家人联结在一起，对人是一种极大的诱惑。

人不仅要接受父母，
更要接受他的国家和民族，
当需要时愿意承担起国家、民族的命运，
人类的伟大在此表现出来。

我们决定性的举动开始于一个决定，
而这个决定源自我们的行动。

- 缺少爱的人，
  对爱才会有恐惧。
  被爱包围着的人，
  会忘记恐惧。

- 嫉妒是一套不需要让自己有罪恶感，
  同时也能摆脱伴侣的把戏：
  嫉妒的一方可以将关系失败的原因推给另一方。

- 当一个孩子自以为知道并评价自己父母的私事，便是把自己凌驾于父母之上，家庭系统中常发生的家庭悲剧，都是违反了这种长幼秩序的结果。

- 无论别人为此付出了什么代价，如果你能接受自己的生命，并且充分利用这次生命好好地做一些事，他们便会甘于付出代价。

- 在其他人的不幸面前肯定自己的好运是需要谦恭和勇气的。

- 尊重那些自己没有选择的事物，会让自己的生活出现截然不同的面貌，在失去的同时，却有意外的收获。

❤ 进步的意思是，我们始终往前看。

❤ 一旦你认为事情是在你手中被控制的，你就失败了。

- 在伴侣关系中，我们总希望从对方身上获得自父母那里无法满足的爱，但若是没有实践对父母的爱，伴侣关系中的爱也无法成功。

- 处在不满意的关系中却不断地希望情况会有所改变，这是最糟糕的，但是大多数伴侣却热衷这一选择。

- 非常融洽的伴侣会平衡地付出和接受，为了维护这个平衡，双方必须尽其所能地满足对方，并坦然接受对方的奉献。

- 界限消融，是分手的开始。留住的爱，是尊重界限的。

- 先来的人，必须给予更多，因为他已经接受了更多；而后来的人必须接受的还要更多。

- 信任你的灵魂，它总是为你做出最好的选择。

- 我们所经历的一切都是恩典，经历本身就是恩典，经历的过程也是恩典，一切都是礼物。

- 遗忘是一种高层次的艺术，是高度灵性修炼下的成果。

- 当一个人能与自己和谐相处，爱与尊重自己的父母，忧郁就会随之消失。可是我得承认，这是非常困难的，所以如果你能成功，就会体验到一份恩赐。

- 很多助人者帮得太多了，有些人甚至认为他们可以改变死亡的命运，实际上他们表现得像个孩子。

- 男人和女人是不一样的，但是是平等的。当伴侣双方都承认这一点，他们的爱就会有更大的机会。某一方无论是像父母一样教育另一方，还是像孩子一样屈服和依赖，都会导致在伴侣关系中产生危机。

- 如果一个孩子坚持对父母提出要求，他就无法从父母那里脱离出来。因为这些要求使孩子与父母羁绊在一起。但尽管有这样的羁绊，他仍然无法拥有父母，而父母也无法拥有这个孩子。

- 我们假设自己可以自由地以某种方式做某些事情。在愧疚的背后，其实是傲慢。

- 伴侣关系的成功是通过与自己父亲和母亲的分离来完成的。

- 每一次担心都是在渴望死亡。

♥ 一直留在母亲身边的孩子、
被母亲拉得过近的孩子，
失去了和世界的联结。
可怜的孩子！

♥ 当孩子学会爱，
心怀对那引领父母和其他
一切的伟大力量的尊重，
孩子便会成长。

- 我们如何能够避免盲目的爱？如何能够看清楚？我们必须将他人的伟大留给他人，承认并接受自己的渺小无能。

- 很多人看到解决方案，感受到力量，在一段日子中他们的问题真的得到了解决，但不久后又恢复昔日的联结。能够坚持解决方法的人，在某种情况下是孤单的。

- 灵魂跟随着爱，爱在灵魂深处产生影响，可是爱或者灵魂的运作，往往不是被个人掩盖，就是被个人压抑。

- 痛苦成了一把钥匙，它打开一扇门，让那些外面吵着要进入，甚至以痛苦相逼的人，得以出入。

- 憎恨父母的孩子，自己会受到严重的惩罚。因为这破坏了家族系统的秩序，深层的灵魂绝不允许这种事情发生。

- 我们要学着通过内在的移动来面对成功和其他人，以意志完成某些事情，为一切做好准备，而不是犹豫不决、原地不动地等待别人来找我们。

- 如果孩子能从源头获得生命，在成长中看到自己的生命，经由世代顺延而下，他们的心灵会豁然开朗。

- 在伴侣关系中，两个人必须都承认他们是匮乏的，同时两个人都要承认他们可以给予伴侣一些特别的东西。这样就是一种真正的爱的实现。

- 当病人与死亡、命运及终结达到和谐，也就是和使生命明灭的终极因素和谐，从这份和谐中便会产生一股治疗的力量。

- 每个移动都有其意义，而且所有的移动都得找到能在平衡中协同运作的秩序，它们必须在更大的整体当中找到它们的秩序。

获得认知，如同抽取礼物一样，绝不能千方百计，操之过急，务求立刻能得到。只有能退守，不受外界影响，才有机会获得认知，尤其是来自深层的认知。

在每一件事物中，我们都能看到有另一股力量在运作着，超越得失，超越有罪与无罪，超越加害者和被害者。

- 在向前看的过程中，我们从自身过往的损失中解脱出来，这样我们就能在新事物中获得成功，其程度通常大幅超越我们的损失。

- 钱是什么？钱就是推动生命向前的养分，就是生命的母乳，它以天赐礼物的形式被给予。它的存在即是侍奉我们存活。有些人想要一辈子抓住母亲的乳房不放，一直拿取。

♥ 我们以为，所谓的幸福，通常是那些容易取得的东西，但伟大的东西并非随手可得。

♥ 有些人自认为在道德方面高高在上，好像知道别人如何做才算正确，这样的态度，总是对大的系统的法则造成损害。

- 人生转变与否，命运会自己做出判断。若能了解这一点，不论受苦的人是否得到治疗，是否进步，助人者都可以完全保持安定平静。

- 对平衡没有要求就没有交流，人与人之间的关系也就无法运作。

孩子如果干涉父母的命运或企图要为父母承担他们的命运，
这对父母来说是一大不幸。
孩子是不能阻止父母的命运的，
但他们却可以得到父母的祝福。

不带目的性地行动，勇敢，
对不认识的事物持开放的心态，退守，
以及承认眼前所呈现的一切，
尽管这些都是极不容易的事。

- 没有恐慌，
  没有目的，
  智者承认一切如是。

- 任何一切有关使命的召唤，
  都是来自深层的灵魂移动，
  同时超越我们所有的计划。

- 只要我们睁开眼睛真正去看，完全回归专注于自己所感知到的现象，便不会受到任何被制造出来的观念影响，这是再简单不过的，但是我们必须要有一份谦卑感。

❤ 激烈的感觉，
例如愤怒，
往往来自早先被中断的爱的联系。
孩子的爱被中断了，
这爱便无法延续下去，
愤怒的感觉是孩子用来保护自己的，
使自己无法感觉到爱被中断带来的痛苦。

把自我融入更伟大的领域，我们可以理解为『谦卑』，而自我对抗也可以理解为无理要求。谁做出无理要求便会失败，谁融入更大的整体便会被承载。

一个自认为完美，比别人好得多的人是可怕的。反之，置身在平凡人当中，会使人感到平和与接纳。

- 命运是人在不知道原因时跟随的路。当人清楚观看时，他便洞悉到命运是受着家庭内无意识的集体良知支配的。我们只有在某些行为后果中，才能察觉良知的所在。

- 智者常在途中，但他总会到达终点，这并不是因为他寻找，而是因为他成长。

- 只要联结宇宙万物整体，
  就会同时有归属与独立的感觉。

- 父亲长存在孩子的生命中。
  如果我拒绝某个孩子的父亲，
  我就是拒绝这个孩子。
  孩子会感受到这份拒绝，
  他会有不完整、被分割的感觉。

- 每一个人在本质上也是自己的父母，父母是在他之内的。人尊敬自己，也是对父母最高的尊敬，而自己也因此得到和谐。

- 很多问题的产生，都是因为我们执着于周围狭隘的事物，执着于我们所能看到的范畴，而与整体疏离。

♥ 通常，当伴侣关系的一方产生嫉妒时，这一关系就已经结束了，只是双方没有意识到或不愿面对罢了。

♥ 当儿子亲近父亲，女儿亲近母亲时，伴侣之间的关系就会更加亲密。

- 解决问题的前提是，接受叛逆带来的愧疚。

- 你自己行为产生的结果，你要负责。就算行为不是你自由选择的，是系统造成的，个体也要背负系统的责任。

- 人不可能逃离自己的命运，置之不顾。唯有承担了命运，内在才会得到成长。

- 通常我们是带着好的良知去做坏事，带着坏的良知去做好事。

有些人以为世界在他们手中，随他们的意愿，他们可以毁灭世界；又有一些人认为，随他们的意愿，他们可以拯救世界，其实二者都脱离了生命的洪流。

一个人若只留心过去，坚持要为过去的某些事情寻找解决方法，那只不过是企图把注意力由真正重要的事情转移到次要的事情上。

- 生命的意义在于单独的个体如何应对早已被安排的命运。

- 每一个家庭都有一份记忆，能从记忆中揭晓出来的便是一份恩赐。

- 受创伤的人以他的悲痛作为指责别人的方式，但那不是真正的悲痛。

- 有些感觉可以帮助我们觉知某些东西，但有些感觉却阻碍我们觉知。有些感觉帮助我们找到解决方法，比如爱，但有些感觉却阻碍我们找到解决方法，比如憎恨。

- 被害者被仇恨的感觉束缚着。如果被害者能使自己从被害经历的人或事中跳出来，把侵害一事交还给加害者的心灵和他的命运，被害者就可以得到自由，这也是一项尊重。

- 灵魂永远在移动当中，迈向超越我们的更伟大的领域。

- 有些人站在河边大声嚷嚷，说他们永远不会跳进河里。曾经跳进河里的人，才知道是怎么一回事，才有资格谈论它。

灵性的生活是认同生活，
是一种完全平实的生活，
生活中仍有职责、乐趣、困难。

如果我们拒绝母亲，
也就是在拒绝生命和工作。
同样，生命和工作也在拒绝我们。

❤ 在你的系统中，
没有其他哪个人，
必须为了你的改变而改变。
你不需要其他人在系统中呈现出不同。

❤ 没有一个孩子能够满足父母的情绪需求，
填补他们的空虚。

♥ 那些对母亲不尊重的人会毁了自己的事业。

♥ 自以为是神的人，一定会害了自己，也会害了来访者。

- 当一个孩子抱怨父母，那么这个孩子就不能和父母分开。这样的抱怨让孩子和父母绑在一起，并且孩子什么都无法接受。孩子们通过接受父母，来和父母分开。

- 人们常常会在关系中遇上另一个人，他或她突然闯入你的心灵，变得很重要。我们要尊重这一事实，只要发生了就要客观面对，不必介意它怎样发展，只有用爱才能找到真正令人满意的解决方案。

- 让过去完全过去，承认再也没有办法反转，是一种内在的成就。这是放弃的结果，全然地放弃。先要放弃，未来的成功才会到来。

- 没有所谓的好命或者歹命，命运本身即是伟大的，也是平等的，尤其当我们不只把命运当作某人的专属物，而是试着去了解命运如何影响一个人，这样更能看出命运的本质。

- 我们不为他人的遭遇或者发生在世界各地的事情感到担忧，因为一切事物都在“道”的运行之下，如是地走着它应走的路。

- 当人们找到走向父母的路，内心对父母敞开时，核心问题就解决了。

- 正确的决定会在对的时机到来。如果我们太早做了决定，可能就不会有坚持下去的力量，而若是决定得迟了，成功就被延迟了。一个过早的决定时常是轻率且考虑不周的，而过迟的决定则是不合时宜的，它被其他事物领着走，而非一个带领的角色。

- 有些父母常常无法恪守父母的职责，
  是因为他们还在看向那位从童年时代起就有所联结的某人。

- 当父母中任何一方抵触对方对孩子的教养时，
  孩子表面上会遵从强势的一方，
  但实际上会与弱势的一方越来越像。

最深的伤害产生于最深的关系，这并非因为我们实际上对彼此做了什么，而是源于有人没有满足你的期待和梦想。

两个人很难干脆地分手，常常是因为他们没有完全接纳对方所付出的一切。

如果你把家庭看成一个整体，你会看见常常是父母之间有问题，孩子只不过是应召来帮助他们解决问题的。

有些人在伴侣之间始终扮演付出者，维持着这种权力，维持着优势的地位，长此以往，会对伴侣之间的亲密关系造成很大的伤害。

- 只有我们与道同行时，我们才能够看到它所作用的一切，而我们也留在我们所属的地方，在道的推动与善意下走自己应走的路，追随命运的安排并实现它的圆满。

- 创造性的力量，永远是一种将我们带往新事物的力量，它持续地前进着。

- 当我们真正向前进时，过去也会与我们同行，但它必须完全成为“过去”。

- 赎罪的行为，仍是将受害者排除在外。某人若通过赎罪去补偿，注定更加不幸。

- 如何分辨出某人和母亲有了深刻的联结呢？如果这个人深受他人所爱，那就是了。而和母亲断了联结的人看起来又是如何？他给的爱很少，也被爱得很少。

- 为什么人们需要心理治疗？答案通常是：他们和某人断了联结。

- 消失的事物虽然移出了我们的视野，但唯有我们愿意时它才能真正离开。念念不忘或悔恨会将我们从当下拉开，让我们为了已消失的事物而离开当下。

- 我们不需要去担忧这个世界和其他人，因为有一股来自另一个意识层面的力量正在这里作用着。

♥ 所谓『幸福安乐』其实就是『联结』的感受，以各种方式感觉联结，而充分地施与受、带着爱的接收、传递、分享，就是『联结』。

♥ 『幸福』就在我的内在等着我，就在当下。

♥ 停止断言他人、期待他人，就能免于他人的束缚，真是无忧无虑。

♥ 已成就的事物教促我们更往前走，而站着不动就等于走到了尽头。

♥ 等待有什么用呢？结束与开始，都在当下。

爱必须跟随秩序，
否则爱是无法成长的。

怎样可以令父亲接纳孩子呢？
只有在父亲得到母亲的尊敬之后，
也就是母亲在孩子面前尊敬他们的父亲。

- 人们以为看见了魔鬼，其实那只是人们所谓的罪恶。若他们追寻下去，一定会找到天使。恶毒的人往往表现得慈悲，慈悲的人则常常表现得恶毒。

- 如果我们只把目光集中在自我身上，自怜自艾，那么痛苦就会变成无休止的重复。这种痛苦是非常表面的，甚至会永世不休，长此以往，人们将无法接触新的经验。

- 事实上，伴侣分手是牵连纠葛下的结果，而且往往是不可避免的，并不是因为某些罪过。不论是在自己还是在对方身上寻找罪过，这只是在逃避现实，而分手的痛苦是必须要面对的。

- 愤怒有时被用来作为一种防卫，以对抗必须承认的罪恶。

♥ 现在的男人处境有些困难。这和女人的优越权有关。但权利不是凌驾于他人之上的权利。每个人都有平等的权利。

♥ 担心意味着：死亡，尽可能快点死，然后我就会好起来了。

有两句话危及生命。一句话是：『你为了我。』这个句子主要来自母亲，对这句话的回应是：『我为了你。』

领悟会显现在发光的脸上。

在伟大的灵魂中，活着的人与死去的人是没有分别的，他们都属于同一个领域。

唯有那些直达心灵的东西才是最重要的。

教育者首要的事情是让自己保持在地面上，这是一种严肃的临在，不去推断某些超越其服务和使命的东西。很多时候，只是获得背景信息，不试图用超越其位置的方式去干预就足够了。

母亲倾向把孩子拉向自己这边，尤其是儿子，使儿子远离父亲。她把儿子从哪里剥离了呢？她用最直接的方式，将孩子从创造性的灵魂中剥离了。

♥ 如果我想抓住爱，它就消失了。因此，一切都与我们所专注的事物联结，而现在我当然是指家族系统排列，如果我们想要揣测它，它就消失了。比如说，如果有人要把我在这里所说的话写下来，他想要抓住它，他拥有了他正记录下来的东西吗？没有，他没有。生命中的一切都是这样的，比如说在伴侣关系里，如果有人想要理解另一方，她便失去了他。他就离开了。

●

所有的关系都是多重的，没有只与两个人有关的伴侣关系。很多人都属于那里，所有的人都有一个位置。然后我们对伴侣的期待，我们强加于他们的需求，全都减少了。

●

对于一个童话，只有第一句话是重要的。剩下的真的都只是童话。因为往后都没有事实，那些内容只是想要让注意力偏离第一句话。

- 祝福存在于两个平等的人之间，
  同时联结也分离了我们。

- 当利益是带着爱给出的，
  也是带着爱被接受时，
  它就能服务生命。

内在和外在的冲突，要如何才能停止呢？那就是当我们愿意对每一个人说：你和我一样。然后所有的人都一起把荣耀归于天上的『神』，也归于世上每一个人。

『过去』就是一个个勾起我内在的特定感觉，并且以这种方式与我联结的画面。

- 未来也是一个画面，透过我们对未来所建构的画面，以及这些画面所唤起的感觉，未来就会变得真实。

- 命运永远都是共担的命运，一个命运总是和许多命运交织在一起，最终与所有人的命运交织在一起。因此我们的命运只能以与许多人在一起，以互助的方式获得改变。

- “我为你”这句话来自一个依赖者，这个依赖者认为他能够通过这个回应拯救其他的人。与此同时，这句话也是最大限度的傲慢。

- 一个男人只能通过他的父辈们成为一个男人。

- 如果父亲承担起自己的角色，儿子就会茁壮成长。

我们活在自己所犯的错误中，其他人也一样。唯有通过这些弯路，我们才能到达另一个觉知层面，我们的问题也在这另一个层面得到解决。无论如何最终都是一样的，因为我们都在另一种力量的手中，这对其他人也都是一样的。想象一下：如果没有犯这些错，你会有多少力量呢？

- 通过孩子出生，一个女人就完成了她最重要的任务。然后父亲进入角色。他引领孩子进入这个世界。

- 很多母亲阻挡了孩子去向父亲的道路。为什么呢？因为她也不能去到她自己的父亲那里。这里没有坏人。这仅仅是因为他们所有人都对自己的父亲有深深的渴望。

- 会逝去的将会留下，因为它会逝去。不会消逝的东西也就无法保留，因为只有通过消逝才能拥有未来。对于会消逝的事物来说，它的未来是全新的，因为会逝去，所以才会有未来。

- 每一个对他人的期待，都将置你于局限，你深陷已久的局限。

- 我们的确是可以改变什么，只是我们能改变的并非过去，而是当下。

- 每个跟随他自身的良知的人都有其说服力：我跟随我的“上帝”。或者，如果这个人有种坏的良知，那就是：我失去了与我的“上帝”的连接。问题是：这个“上帝”的名字是什么？非常简单，他的名字是：“我”。这便是良知后面的傲慢。

- 当我们保持着一定的距离观照日常生活时，就能更清楚地看见前方的道路与新的契机，了解什么是该放下的，什么是该行动的。

- 我观察到的是，堕胎通常比生下这个孩子有更重大的影响。进行堕胎并将其作为负担所承担的，比生下这个孩子所承担的，要沉重得多。

过错在过了一段时间以后，
也要成为过去。
这不仅对犯错者有好处，
对受害者也有好处。

当一个先辈尝试摆脱他的命运或者过错，
那么家族中的一个后辈会替他承担这些，
就好像这是后者自己的命运一样。

命运，

就是在我们不明所以的情况下将我们囚禁的东西。

我们所有人都以某种特定的方式被困在纠缠之中，

而有些人的方式特别悲惨。

当这种纠缠浮出水面的时候，

例如在家族系统排列中，

他就能够在一定程度上从中脱身。

这就被视为解脱。

- 愧疚是傲慢的。
  它决定着生死，
  决定着天堂与地狱。

- 虽然我们不敢真的面对，
  事实上，
  争夺位置是一个有关生死存亡的问题。

♥ 生命之所以可以继续延续，就是因为有些生命离开了，而且也必须离开。在生命中，我们想要肯定自己真的拥有这个位置，只要这个位置是属于我们的，我们就有自己的生活。当我们取代别人的位置，我们是在追求别人的生活。当我们结束取代别人的位置时，也就是在结束他们的生活方式。

- 改变也意味着重新排列我们的内在，让自己适应新的东西。我们可以重新安排自己，迎接新的挑战或完成不同的目标，或者朝另一个方向发展。

- 后来的人不能为前人承担某些事情，这是一条铁律；实际上，这也是一条神圣的戒律。这是成功的基本法则。

- 家族系统排列不仅带来过去到现在一直隐藏的部分，同时也揭示出未来。它同样展示出解决的路径，在纠缠中呈现出解决的路径，并引导相关的当事人走上这条道路。

- 当我们见证了在我们身上或别人身上无法突破某个极限的时候，我们必须承认这个事实，不带任何做出移动或改变的念头。

❤ 当我们有意识地将一些过去放下，并向着新的事物敞开——哪怕开始的时候会引起一些恐惧，这时，纠缠的解决方法才能够奏效。

❤ 新的系统优先于旧的系统。例如新生家庭优于原生家庭。哪里上下颠倒，哪里就会脱轨。

♥ 当一个孩子替他的父亲或者母亲承接过一些什么的时候，例如当他替他们承担了过错，或想要拯救他们的时候，他就将自己抬高，超越了他们。这违反了原始序位。序位低者永远不能帮助序位高者。

- 以父母本然的面貌来肯定我们的父母是一种非常深沉的移动。这意味着我们完全接受父母送给我们的生命与其所带来的结果、伴随而来的局限、被赋予的机会、家族苦难的牵连纠葛、厄运和罪恶，或是享受其可能带来的快乐和好运。

- 助人者如果按照事情真相的样子去接受它，就能强迫来访者成长。因为除了改变自己，他们没有别的选择了。

- 很多前来求助的人，其实他们根本不想解决问题，他们更想要证明自己的问题无解。为什么呢？因为我们的心理问题通常出自对某人深深的爱，因为我们在其中感觉“清白”，所以紧抓问题不放，一旦问题解决，罪恶感就油然而生。

- 家族系统排列的四种基本态度是：没有恐惧，没有怜悯，没有胆怯，没有爱。

♥ 我们的良知决定着我们归属的权利，或者被排除的命运，这也决定着生命和死亡，天堂或者地狱。

♥『我为你』是一种奇怪的爱的语句，一种补偿的爱的语句。它取代了一切生命来源的创造性力量，取代了那个引领我们的命运前行更远的力量的位置。

● 进步是一种孤独的步伐。它是理性和爱的巅峰成就，是一种无所不容的爱。

● 人们是通过饮食来生存的，因而“神”的形象与原始父亲和原始母亲，部落男神和部落女神有关。

- 只有很少的人知道他们的合适位置。几乎所有人都站在错误的位置上，站在一个会带来困难的错误位置上。

- 孩子们在等待可以到来的许可。他们知道他们是否被允许到来，也知道父母是否是合适的父母。想象一下，父母试图要一个孩子，即使他们无法拥有孩子。他们想要从别的地方得到一个，比如通过领养或者通过人工试管婴儿。孩子得到尊重了吗？是谁为了谁呢？是父母为了孩子，还是孩子为了父母？

- 所有重要的东西都在黑暗之中。所有看起来光明的东西，比如科学，或者洞见，或者科技，它们都源于黑暗。但光明仅仅是一时的，它们很快再次沉入黑暗。

- 如果我想抓住爱，它就消失了。同样，如果有人想把我在工作中说的话记下来，他想要抓住它，他拥有了他正记录下来的东西吗？没有，他没有。

♥ 我们的今生的过去、久远之前活过的生命、过往的愧疚，以及想要为自己的伤害行为去修复的所有尝试——我们在最深的灵魂和身体里和它们相遇。如果我们想要努力去除它们，我们的生命就变得更少，也不会得到改变。

- 我们如何活在当下？我们“瞬态”而轻松地活，因此，既空无又圆满。我们不受过去的约束，甚至不受时间的约束，而是与一个永恒的移动合一，“瞬态”般合一。

- 关系成功的一个基本条件是序位。

这个“我为你”经常并不只是一个对“你为我”的回答。它是一个内在的声音，一个怀着我可以拯救你的想法的声音。

我们怀着终极的轻松，继续生活。我们不要带着我们所认为的未来，而是带着一种被回忆起的爱，转向如其所是的一切，从一切的分离里解放出来。

- 婚姻中的争吵是不同良知之间的斗争。如果两个人都少一点对他们原生家庭的良知，那么就能找到和平相处的方法。

- 未来总是把一些东西留在身后。我们不断地面对一个事实：一步向前，另一步就被留在身后。

- 我们当下所处的状况，就是我们在这个片刻里最适当的位置。

- 每一次重复都是损失。生命中没有重复。总有一些新的东西来到我们的生命里。在重复里，我们认为我们可以做到。然后我们和我们想要帮助的那些人被引入歧途。

我们如何永远保持继续前行？让我们的目光拥抱一切，进入到一个无限的空无。

如果我对无限的东西敞开，我就进入黑暗，进入到空无，然后我等待。如果我在那里偏离，如果我没有和这个终极相连，我就变得无助。

♥

一句话突然就出现了，而且是一个使命。但我必须总是尝新，一方面这是一个可怕的挑战，另一方面它又光辉灿烂。

♥

一件事能达成，往往是我们努力的结果。努力能有成果，是因为天时地利人和，但也要有天地大道的力量来支持。

♥ 事实上，我们没有办法依照特定的计划，在特定的时间踏上自我内在的旅程。我们只能等待那一刹那，等待一股凝聚的力量倾注而来，然后我们把自己毫无保留地交付给它，不需要知道它将会引导我们去哪里——不论是去领悟，还是去行动，或者是去爱。

♥ 只要我们抗拒，我们就会觉得现实背后运作的力量冷酷无情，当我们如其所是地同意，这股力量就会迎向我们，好像在为我们服务。当我们以另外一种眼神看着它，带着爱和尊重，它就一步步向我们揭晓它的秘密，然后带领我们进入一个灵的境界、一种爱的境界。

- 我们如何与移动保持一致？我们看着开始而不是结束。我们看着即将到来的，并且永远将某些事情留在身后。旧的已经落后了，只有新的往前进。

- 罪恶感将我们拉向那些让我们感到罪恶的人，作为做错事的后果，我们想要变成那些我们对不起的人，我们想要像他们一样痛苦，好像这样我们就能不再感到罪恶并且能赎罪一样。

我们承认每个人的位置。
在伴侣关系中，
这意味着伴侣之间平等的位置。

没有时间是回头看的，
我们可能会回头，
但时间从不回头，
它总是紧接着来临。

一个计划或产品就像人一样，有灵魂，有其既定的目标和时间，计划就好像活的东西，有开始、成熟、衰减和结束。最终，在适当的时机，为了其他新的东西，计划创造出时间和空间。

通常，自信迫使某些事情发生，超越且违反所有的期望和希望。自信仿佛让我们增添了一双翅膀。

- 恐惧有它的影响力，它使我们的动力瘫痪，同时它让我们害怕的事情出现在我们前进的路上，好像我们暗自希望它到来一样。

- 我们若想排斥拒绝某个隶属于场域中的人，反而会赋予他更强的能量。我们越是想摆脱讨厌的东西，它的力量就越强大。

足够就是更多。

无论爱多么深切，我们都必须将挚爱的亲人，视为另一个独立的个体。

透过赎罪来补偿，是简单、廉价，且有害的，并不能够达到和解的目的；透过正面的行为来补偿，需要付出更多的努力，却能带来祝福和保佑。

● 羁绊和爱之间的一个区别：
羁绊是一种不可抗拒的过程，
我们对此无能为力。
爱与之相反，
是我们可以增加或者减少的。

● 未来不接受哀号，
未来需要尊重和爱。

- 生命消逝，
  就如同树叶飘落，
  将空间让给新芽发展，
  虽然已化为尘土，
  却仍滋养着现存的生命。

- 你的脸决定你与谁联结。
  觉知就是一切。

- 为什么两个人会相遇？作为人类，我们被彼此吸引，然后在一场关系里战争随之而来。这是力量的较量：哪个“上帝”会胜利，是男人的“上帝”还是女人的“上帝”？合二为一便会赢。

- 在一步步的生活实践过程中，秩序会鲜明地呈现出来，与那股承载我们的力量达到和谐，这便是我心目中的秩序。

我们用一些途径削弱导致疾病的命运联结，使命运有好的转变，得到好的结果，家族系统排列是非常有效的方法。但我们千万不可以把排列工作当成灵药，以为做完排列之后，疾病便会消失，这想法太天真了。

有关疾病、意外或者自杀的第一股基本动力是：“我追随你去”。这种行为是受到一种原始的爱的影响。因为当事人无法真正看着离去的人，如果能够看着对方的眼睛，他就无法说出“我追随你去”这句话。

在治疗过程中，
某人如果非常愤怒，
我会制止他，
因为这种愤怒只是一种抵抗性的感觉。
如果他不再发泄愤怒，
就能与背后的感觉联结——那种爱和痛苦的感觉。
这种爱的感觉比愤怒的感觉更痛苦，
因为在体验这份爱的同时，
人们也感觉到了一种无能为力。
如果人们只顾着把愤怒发泄出来，
他便可以否认自己的无助，
因为他已经没有办法触碰到这种感觉。

- 人们是有力量解决问题的。通常自以为要帮助别人的人才是软弱的。

- 我们必须知道，每个人都在他的问题中感到幸福，这是一份极深的幸福。因为在不幸之中，他感到与他人相联系，与他们归属在一起，而幸福的感觉却令人感到寂寞。

微笑能够让你放下。

天堂里没有进步。

❤ 多年来我做了很多治疗工作，我发现最重要的事情只有一件，它是如此简单而直接。所有的疗愈都指向唯一的成功途径：这就是让人们和他们的父母联结。仅此而已。有些人比较容易做到，有些人比较难，有些人则陷入无法和父母重新联结的困境。

- 我们对待母亲的方式，就是对待我们身体的方式。

- 心灵有如大自然，可以承受很多错误，因为错误的东西最终会被新的东西取代；那些让心灵带领的人有时会获得某些机会，好比河流对于泳者，泳者若能被河流带领，他便能够依着河流和自己的力量到达彼岸。

身体的健康是一种灵魂的移动和爱的移动。

在某种程度上，没有孩子的人，是贫穷的。

通过我们的父母，我们每个人都是男人，也同时是个女人。男人和女人，密不可分地在我们的内在合一。

当一对伴侣被爱紧拥，他们便不再是他们自己，全然迷醉，没有权力。相爱的人不用权力，他们合二为一。一旦权力入侵，这种亲密感就被破坏。

- 如果你继续留在你的危险关系里，那么这是你的愿望。

- 伴侣关系的成功是通过与父亲和母亲的分离来完成的。当母亲和父亲的关系不好的时候，儿子就会来代表父亲。

- 序位总是和完整有关，被排除的人必须重新回归。这是在我心里的首要工作，无论现在还是未来。

- 我们只是保持静止，却会被带走；虽然我们什么也没做，自然有股力量移动我们，不做任何打算，道路就呈现在那里；不需要去抓取什么，我们即被给予。

- 我们既自由，也不自由；既存在，也不存在。

- 只有我们愿意去接纳，我们才能放下过去，回到当下。直到有一天，我们涤除了过往和将来，看到永恒只在此时此刻，只在无尽的当下。

- 和解只有在双方都放下对于补偿的坚持时才可能发生。

- 如果我们个人的命运有某些不好或者沉重的部分，比如遗传性疾病、孩提时的创伤经历或是背负着某种个人的罪恶，我们唯有接受这样的命运并在生命过程中与之调和，才能让这一切转变为力量的来源。

- 爱如果从心底涌现，那便是人所能体会到的最刻骨铭心、最痛苦的感受了，其中总是伴随着一股无助感。此刻人们必须放下所有表面的忧虑，信任那个我们不认识的巨大力量，这是唯一的解决方法。

- 求助者需要知道，排列工作是一项带来改变的过程，在这个过程中，他要面对成长带来的挑战。所以，重要的是求助者是否坚强，并有足够的勇气面对一切。

当冲突看似来临时，我们内在的旅途要怎么办？我们应该从容不迫，仿佛我们拥有充足的时间、无尽的时间。在那从容不迫之中一切都将水到渠成、恰到好处。

痛苦不会阻止分离，但痛苦过后便不会有责难，取而代之的是一份尊重。作为伴侣他们是分离的，但作为父母他们仍然是联系着的。

我们认为所谓的幸福，通常是那些容易取得的东西，但伟大的东西却不是随手可得的。深层和丰盛的东西也是不容易得到的，它们有不同的层次。

每一段关系都是独特的。当你让一个伴侣进入你的生命，有性爱的交流，你便与他或她产生联结，在当下便失去了选择的自由。那种既想要有自由，又想要有联结的幻想是自欺欺人的。

人们有一个相当普遍的想法，认为任何问题都可以或应该得到解决。但是，有些事情的后果，我们是无法挽回的。

每当我们到达一个开放境界之后，总有另一个新的开放境界等着我们。于是，我们在内在的旅途上不断前进，告别后又告别，从一个新的境界到达另一个新的境界。

♥ 曾经受创伤的人，若坚持自己所受到的不幸，那往往只是将他的仇恨合理化。受创伤的人，自以为有权利指责其他人，这只会带给相关的人不幸。更严重的是，受创伤的人不想为他真正得到的东西去感谢其他人，他无法放弃创伤，是因为他由于创伤获得了某种胜利，但要成功疗愈便要放弃这种胜利。

- 在自怜中只会错过命运的真相，这与真正的哀悼是两回事。有分离便有失去，同时也会有分离的痛苦。纵然是刻骨铭心的痛苦，如火一般燃烧，谁能正视痛苦，谁最后就可以忘掉分离和失去的痛苦，而这种痛苦绝不像一般人想象的那样是无休止的。

- 遗弃孩子等于堕胎，孩子必须承认被遗弃这件事是终生的。可是孩子在幼年时，很难理解这件事。他必须等到成年后才能有这份认知，只有他那虚幻的希望消失后，他才有机会承认这份真相。

❤ 死亡本身并非严重的事，严重的是被排除于系统之外。

❤ 最大的幸福就在当下。

- 停止是一种疗愈的方法。我们承认那些为我们而设的界限。

- 有人给了我一本书:《一个小灵魂与上帝的对话》。他对上帝说，他很想“原谅”。然后上帝问:“那么你想原谅谁呢?”这个小灵魂看了看四周，找不到什么需要被原谅的。上帝说:“在我的创作里，没有什么需要原谅的，更没有什么需要审判的。”

- 助人者不能像孩子帮助父母一样去帮助来访者。那些拼命想要寻找解决之道的人就是选择了越位的傲慢态度。

- 疯子就是那些无法让一些东西和解的人。疯子必须应对两个方面，并且与双方和睦相处。但他们做不到，因为双方处于对立。他们之间有些未化解的事情，比如施害者和受害者。因为必须要代表双方，这个人就疯了。通常这意味着精神分裂。

孩子如何能变成成人？通过了解他们的力量是多么微弱。接受这点是一种艰难的挣扎，因为仍然有许多成人认为，他们可以将别人从他们的命运里解放出来。

只有老师真的把自己看作『学生－家长－老师』这一列中的最后一员，教育的必要基础才能建立起来。

丈夫通过到男人中间更新他的阳性力量；
妻子通过到女人中间更新她的阴性力量。
两个人都必须时不时脱离他们的关系。
男人要补充阳性力量，
女人要补充阴性力量。
此时的关键完全不在于聚会上所交流的内容，
只在于男人或者女人在一起。
无论是男人的定期聚会还是女人间的八卦闲聊都可以。

♥ 放弃一个孩子是一件永远无法和解和重新开始的事情。

♥ 一个生命并不取决于他的父母是什么样子。

如果在某一刻，一个人超越了他过去的良知而向成长走来，如果他做到了，如果他承认了他的暗与他的光同等重要，光与暗两者同等地受到了承认，那么他就成长了，他就有了另一种力量。

祖先给的遗产如同金钱一样，当它未经过我们的努力与成就而来到我们这里时，它就像流出指缝的水，是留不住的。

- 性紧连着死亡。它所消耗的生命是最多的。性具有对抗死亡的功能，它是对抗死亡的努力。

- 那些有特殊命运的人需要看到，一旦他们臣服于自己的命运，并以此而行动，在他们特殊命运的背后，就会有某种特殊的力量。

通常我们会想象一个真正幸福的童年是什么样的，以及我们要做些什么才能迎接最好的人生。所以，我们需要完美无缺且充满爱意的父母，永远在我们身边，竭尽所能地支持我们，保护我们不受任何伤害。但是，这样的孩子会遭遇什么样的人生呢？他们会了解生命中的苦难，以及这些苦难所带来的挑战吗？他们会有足够的韧性吗？他们会适应人生吗？当事关生死甚至面临更大困难的时候，相对于那些有着苦难童年的孩子，没有受过苦难的孩子常常处于劣势，遭遇悲惨。

- 伟大的成功总是伴随着某个合作伙伴的成功，真正的幸福也是。

- 当我们看着生命，我们会看到它有那么多的面向。不仅仅是每个人的命运不同，每个家庭的命运也不同，但是每个家庭都会把一些特别的东西传递给孩子。

最好的服务生命的基本态度是如一切所是地同意一切，不去期待改变任何东西。

我们如何找到走向父亲的道路？我们和母亲一起找到那条道路，只有和母亲一起。这就是我所说的“三合一”，这个“三合一”就是：母亲、父亲、孩子——然后幸福！

❤眼界是很重要的，它决定了我们能自由活动的范围。

❤智慧是径直的，没有人可以曲解它，它不受任何人的摆弄。其实每个人都是有智慧的，没有它我们便无法生存，就连动物也是有智慧的。动物能生存，是因为他们有灵魂，并受内在动力的指引。

❤ 我们的工作是爱的加冕：做我们所爱的，并且爱我们所做的。回报的爱会与这份爱相遇，并带着成功反馈给我们。

❤ 在生活到达顶点的时候，我们选择新生带向未来。这个持续的新生，尽管也会有到达顶点的一天，下一个阶段的成功也总会接踵而来。

♥ 我们允许灾难按照其轨迹发生，
一如既往，
没有任何的遗憾。
伟大的力量会自己发生作用。
不是我们！

♥ 没有一种帮助值得不惜代价。

- 忏悔的作用是让一个人把重担稍稍推到另一个人身上，忏悔后，人们会感觉轻松多了，但是必须倾听的人感觉更沉重了。因此在伴侣关系中，如果一方做了对方不应该知道的错事，也不要跟另一个人忏悔，而要把它放在心里，独自一人将它纠正过来。

- 通常情况下，伴侣中的一方即使很清楚这段关系已经过去，他也会认为自己必须用很长时间的悲痛来换取分手。从某种角度讲，只有当所有人都承担了足够多的痛苦之后，他们才有力量去分手。

- 爱，让人感恩的爱，就是我们赞同一个人如他所是，完完全全如他所是。如果伴侣以同样的方式对待我们，那么无论可能发生什么，两个人在对方那里都会感到安全。我们可以彼此信赖。

❤ 其实，有时候，如果人愿意留下来，疾病就会离开。

❤ 一个害怕死亡的治疗师是无法帮助案主的。

❤ 盲目的、出自爱而不顾序位法则的行为是悲剧的开始。

- 所有的发生都会为我们带来移动。

- 凡是怀有恐惧的人都不会有觉知，
  清晰澄明只会降临到那些已经克服恐惧的人身上。

- 在世的人如果过度悲伤会绊住那些去世的人。
  他们原本轻盈的脚步会被我们的悲伤所绊。

- 如果受害者仍固着于自己的受伤经验，
  并拒绝向前，
  加害者就很难开始新的生活。
  如此一来，
  双方即使分离也仍会继续纠葛着。

- 在系统良知的压力下，所有后辈在没有觉察这股力量时，任意干涉长辈命运的行为注定失败。

- 后辈的子孙通过谦卑的态度，回到原本属于自己的位置，承担自己在这个位置上所承担的，就可以不再背负先人各种行为的重担。

- 全然接受父母如是的样子，不期待他们有任何不同，这个谦卑的过程让我们臣服于我们生命中所遭遇的限制、所得到的机会，也臣服于家庭命运所带来的纠缠、罪恶、负担、喜悦和任何所有的一切。

- 对序位法则的了解是一种智慧，而带着爱的臣服则是一种谦卑。

从前有个忍受饥饿痛苦的人，他很幸运地得到了美味佳肴，但他说“哪里会有这种美事”，他便继续饥饿下去。

承担不属于自己的罪恶总会让人虚弱。谁背上别人的十字架，便没有力量再去做其他的好事。但当这个人承担着自己的十字架、自己的罪恶，以及自己的命运，他便会坚强有力，能做更伟大的事情。

- 当孩子善用自己的生命，并活出生命的价值时，母亲便活在他的心中。当孩子基于对母亲的爱做出好事时，也会感受到来自母亲的爱和祝福！

- 来访者为什么抱怨他的命运或父母？抱怨的目的是什么？来访者的目的在于希望别人同情他，代替他采取行动，但是抱怨并希望别人替自己做事，是绝对不会成功的。

❤ 承接他人的悲伤会使自己软弱，只有为自己的悲伤而哭，人才会变得坚强。

❤ 用你的双眼正视幸福，就像正视挑战一样。

- 有些来访者不断地抱怨，那么持续为他们工作是有害无益的。你能给他的最大帮助就是告诉他：“我不能继续帮你了，这对我来说太危险了。”

- 爱必然带有恐惧和迷恋两个元素。

- 很多时候我们以为我们犯了很大的错误，
  但后来会发现这个错误其实是一个祝福。

- 牵连和纠葛不是来自口头上的传递，
  即使我们在意识上没有认识到，
  它们也照样运作。

如果你害怕发现真相，
你只好盲目行事。

正确的位置依循着某个序位，
我们无法对其拣择或征服，
也无法赠送或丢失。

♥ 金钱想要留在那些努力诚实工作以得到
它的人们的身边。

♥ 对我们来说有件很重要的事就是：
开始移动之前，
要先搞清楚自己立于何处，
承认这里就是自己当前的立足点。

对于那些以我们的损失而获利的人们，
无论发生什么事情，我们都由他们去。
然后，
这就变成他们自己的命运。

序位，是对边界的承认。

● 那些赛车选手或者跳台滑雪运动员——他们在为谁而冒生命危险呢？总是为了母亲。现在是父亲再次出场的时候了。以何种方式呢？以拯救生命的方式。

● 那些真正会爱的人，爱所有人。

- 男人追求女人，这是第一步。然后第二步来自女人。第三步就是幸福。

- 许多的成人助人者仍然在孩子模式下助人。有些东西他们无法忍受，所以尝试去改变，但并非因为别人需要这种改变。他们在没有尊重他人的伟大与命运，以及尊重他人的愧疚下承担了一些东西。

♥ 有些人认为存在理想的家庭，

另外一些家庭应该以其为楷模。

但是在某些家庭里我们可能会看到一些困难，

这些困难让孩子经历了沉重的东西。

这些困难和沉重的东西给了孩子特殊的力量。

这是那些理想家庭所没有的。

因此，

最好的服务生命的基本态度是如一切所是地同意一切，

不去期待改变任何东西。

- 没有困难的孩子，真正表现出困难是孩子的一种特别的爱。这个制造麻烦的孩子与一个在家庭里没有位置的人相连。

- 那些认为自己比父母大的人，已经失去了父母。他们必须开始一场盛大的演出，在演出里他们不再扮演大的人。

首先我们等待，然后我们敞开，对一个突然的洞见敞开。之后我们需要立刻行动，没有疑问，行动。

通过自杀，我们无法完成任何事情。那些觉得死亡是一个出路的人，会发现那根本毫无帮助。而且事实恰恰相反，家族系统排列告诉我们的是，自杀根本不能解决问题，它只是把某些东西推迟了。

❤ 离别的爱，何其珍贵。

接纳父母是一种谦卑的行为。它意味着赞同经由父母来到我们面前的生命和命运，赞同因此为我们而设置的界限，赞同赠予我们的机会，赞同家族的命运、过错或荣耀，以及其中的各种纠缠。

当我们承认过去发生的一切，并以其原来的样子同意它，那么发生过的事情就会变成我们力量的源泉；而当我们抱怨过去发生的一切，就等于丧失了力量，白白浪费往事所要带给我们的成长。

- 在我们所属的场域中，我们虽然有一定程度的自主空间，但是认为自己能够完全自由地脱离所属场域的想法是一种不折不扣的幻想。为了这样的幻想，许多人付出了代价。

- 有了母亲，每个人都是富有的。这种财富是自给自足的。一旦我们接受了母亲，并与她和解，我们就会富有，在每个方面都真正富有。这就是幸福的钥匙。

♥

对母亲给予的爱感到失望，

这是怎么回事儿？

它让人失望，

是因为我们所期待的要超过实际可能得到的。

让人失望的爱会转换成拒绝甚至死亡的愿望。

♥

我们也必须看到，

施害者也是服务于另一个力量。

- 只有当我们接受父母给予的一切，并且也愿意将其传递出去时，那些在生活中应当成功的事物才会获得成功。因为我们愿意把从父母那里接受的，转化成对他人的服务。

- 那些没有办法接受母亲的人，是没有办法接受金钱的。也许他们可以赚取金钱，却无法好好运用它，他们无法享受其中。这都是有关联的。

- 如果我们只是梦想着未来，我们便不是在走向未来。只要我们踏出一步，就是向未来前进一步。

- 父母和孩子间的爱，像其他关系中的爱一样，要受到联结、付出与接受、适当分工的限制。和其他方面的爱不同的是，只有付出和接受保持在不平衡的状态，父母和孩子之间的爱才能获得成功。在父母和孩子之间，和爱相关的第一个系统法则就是：父母付出，孩子接受。

- 只有完全表达出来的原生感觉才是有益的。当你顺从原生感觉，例如，顺从离别造成的本能的伤痛、必须发作的愤怒、深深的渴望等，并完全信任这种感觉的时候，你就会在感觉中，在它的需要中自然而然地加以控制。

- 所有的改变都是从心灵和精神层面开始的。

♥ 结束人生的某个阶段对我而言不是特别困难的事，
我总是向前看，
迎接未来。

♥ 我的责任并不是要改变他人的命运，
唯有来访者的心同意，
我才能帮上忙。
我跟随我自己心灵移动的带领，
做我该做的事情。

不要在原地逗留太久。

散落在各处的碎片若能找到走向源头的路，
服务于各自的使命，
保持专心一致，
那么它们就能变成一个整体。

- 那些急于行动之人，想要了解更多，想要了解比下一步更多的东西，他们都错失了重点。他们在市集收下钱，为了没有生命力的木材，转身砍下活生生的大树。

- 对颠倒的序位进行重新排列，是拥有成功的人生以及在其他方面的成功的前提条件。

- 在一条道路上，只有将从前抛在身后，人才能前行，只会做梦的人，只能留在原地。

- 拒绝父母的人，也在拒绝自己，相应地，他们在自我实现的路上会感到困难、盲目和空虚。

- 爱的人尽管就在我们对面，且尽管所有这些爱存在，我们仍然必须感知并承认这个人是独立于“我”而存在的。否则，有些共栖现象和认同会维持下去，有疗愈作用的分离便不会成功。

- 无法采取行动的洞见，并非核心的洞见。

- 违反序位法则，注定会失败。许多组织的瓦解便是源自下级想要逾越上级所造成的内部冲突。在家庭里，对父母而言，孩子为父母承担命运，替代父母生病或者为父母而死，是比父母自己付出生命更悲哀的一件事。

- 当排列师在排列时将过错怪罪于某人，或同情某人的悲惨遭遇时，他就偏离了灵性良知意识所主张的大爱。

我们凝聚精神和力量，借此看清工作的本质。我们并不是逃离工作，而是要明白生命的重心是什么，哪些事是琐事。

此刻的我们在这里，一切都是早有计划的吗？还是说我们可以不做任何打算，只是把自己交付出去，让生命为我们展现它的丰盛？没有计划，也让我们走上内在之旅，我们随它而行，不需要练习，因为行动本身就是练习。

我们常常一边紧抓过去不放，一边又幻想是不是可以改变些什么。我们的确是可以改变什么，只是我们改变的并非过去，而是当下。

人类关系中的『平等』是指，所有人都有一位父亲和一位母亲，所有的人都属于某个家庭。

- 在“妄想”里，我们会把那些想象中的事物误以为真，却不会把它们落实到我们的经验里进行确认。同样，如果我们只是盲目地挪用别人的经验，那也很容易产生妄想。

- “远见”始于“近观”，“近观”，指的就是当下就近观察未来的征象。我们如何从现在看到未来？只要我们纯然地处在当下，让未来在当下凝聚于我们的内在。这样一来，“远见”就在当下凝聚。

- 唯有透过我们所建构的画面，过去才会在当下变成我们的真实。如此说来，过去就在我们手中；透过我们所赋予的意义，它就在我们的掌握之中。

- 大部分的真实都在我们手中：过去、现在与未来。它取决于我们内在的画面和我们赋予这些画面的意义和重要性，它也取决于我们在这些画面中保持的感觉。

♥ 寻求问题的解决方法必须与制造问题的那个力量共同运作。问题的成因与解决方法的出现，都是因为爱，只是方向不同罢了。简单地说，我向求助者指出，他如何能够好好地爱：用解决的方法，把爱更灿烂地展现出来。这比“执着于问题的爱”好得多。这也是心理治疗的秘密：我们必须清楚地看到爱与解决方法，绝不能幻想出来。

我告诉你们一个关于成功的秘密，非常深奥的秘密：最伟大的成功都是轻松的，没有沉重的成功。任何艰难的事情都是有误的，如同爱一样，轻松的爱是宽广的，也是幸福的。

对于上帝，男人和女人一起，就是他的样子。在现实生活中的情况又如何呢？多少男人反对女人！即使是时至今日，合一又在哪里？

- 每份爱都有它的过去。当性结合发生，一生的联结就持续存在了。这显示了性行为是多么根本，它迫使我们的生命进入某种轨道。

- 过去的成功使得我们在更伟大且更具创造性的事物面前相形见绌。面对这股力量，不管我们过去有多么成功都会显得微不足道。因为这股力量，我们得以从容大步地，从一个完满走向另一个完满，虽渺小却也充满力量，永远为生命的下一次成功做好准备。

- 最棒的获得来自生活上的奉献。有什么会是比我们自己的孩子还要更好的收获呢？哪一项工作会比养育他们更有意义呢？总的来说，生活上的获得都来自我们的奉献。

- 认知的第一个敌人是恐惧。我们最大的恐惧是关于“别人怎么说我”的恐惧。这是认知的终点，因为当我开始留意别人怎么说我，还有他们的评判时，认知就结束了，属于我们自己的认知结束了。

- 认知的第二个敌人是清晰。例如，很多人学习了家族系统排列并了解这是如何工作的。这是他们清晰的地方，然后他们就站着不动了。他们再也没有其他发展了。有些人传授清晰的东西给学生，他们教授这些学生如何操作，接下来就变成了一套理论和方法，然后这些就都停滞不前了。而那些战胜清晰的人，他们得到了进一步的发展。因此，他们获得了力量。

- 认知的第三个敌人是影响力。那些工作收费极高的人，他们追寻影响力，招揽追随者。他们传授所谓的方法，然后就成了“大师”，这是认知的另一个敌人。

- 认知的最后一个敌人是休息的需要。我想我也超越了这个敌人，因为我仍然享受工作。

- 逾越界限，
  是分手的开始。
  留住的爱，
  都是尊重界限的。
  这其中，
  包括允许伴侣保有自己的秘密。

- 当一个男人和一个女人相爱，
  并且他们的爱全面而深入时，
  他们就失去了自由。

❤ 试想，如果父母变成我们理想中的父母，我们能从他们身上接收到什么？接收到的东西是更多还是更少？对我来说，接收到的东西将会更少。当我以父母本来的样子接受他们，与他们进入深深的联结里，我的心灵就会扩张。就算接收到的某些东西让我感到困扰烦忧，只要我跟它融合一致，它就变成了一个珍宝，带给我力量。

- 我们在哪里可以得到极度的幸福呢？在伴侣关系里。

- 正确位置依循着某个序位，我们无法对其拣择或征服，也无法赠送或丢失。这序位遵从某个较高秩序，该秩序指定出每个人的正确位置。只有处在正确位置，人、事、物才能与那股创造并提供秩序的创造力顺利、和谐地相处。

- 那些没有被提及的、被躲避的和被当成恶魔一样的家庭成员，需要在家族系统中拥有一个位置。一旦被排除的人获得一个位置，系统作为一个整体也获得了疗愈，因为系统又重新完整了。那么每个人又会找到一个新的方向。

- 父母，以及所有卷入其中的人，都必须改变他们的关注点。当父母有意识地去承担孩子无意识承担着的东西的时候，孩子就自由了。

最糟糕的事情是我们去同情孩子，
而同情使孩子变得弱小。
你看着他们的命运，
尊重他们的命运。
你不知道最后会怎么样。
如果你介入，
你就可能以一种与命运对立的方式介入。
如果你只是带着尊重存在，
存在于父母面前，
存在于更大的整体面前，
过一段时间之后会有好的事情发生，
然后你也会获得安宁。

- 许多人在尝试帮助别人的过程里精疲力尽。如果带着一种尊重的态度，你不会这样轻易地耗尽你自己。当然那还是会发生，有些情况下我们不得不消耗自己，但那不应该是一个持续的压力。

- 转变始于灵魂，
  转变也仅仅始于我们的灵魂。

- 人生就是这样：你越想避免的事情，最终还是会抓住你。

- 人要跟随自己的“命中注定”，哪怕这需要勇气。

家族系统排列是可以实际应用的认知。通过家族系统排列这种方法，许多认知得以见诸阳光。

在认知的道路上所显示出的东西总会引向一个具体的行动。我们以这种方式获得的认知使一个新的行动成为可能。假如没有应用，这种认知就是虚无的。它会对我们重新关闭。

- 具有决定性的原始伤痛来自早先连接移动的中断。

- 很多人只从一方面去看灵魂的成长：为了成长，必须要有滋养的食物。事实上，成长需要营养，也需要逆境。

- 人只有在一定的场域，在自己所从属的场域里才能够得到发展。

- 我们必须背负我们所属的群族的命运，就如同我们必须背负自己家族的命运一样。这是人们无法逃避的。只有人们共同担负，人们才能成长，当然，我们的国家也因此受益。

- 叛逆期的青少年往往通过对父母的指责来实现自己与父母的分离。但是，这种方法无法将他们与父母分开。在指责父母的过程中，我们无法拥有自己的人生。

- 通过批评指责，拒绝父母的爱，我让自己与父母分离。这种分离的方法使我们大家都变得贫乏。作为一个孩子，我是通过接受父母而成长的。

- 许多早期心理创伤，都与我们被孤单地留下，或是因为无法去我们想去或我们该去的地方有关联。

- 如果我排斥所有让我悔恨和我指责的人，我排斥所有我痛恨的人，我排斥所有让我感觉有负罪感的经历，那么我就会变得越来越匮乏。

一个真正的成人可以同时做到接受和给予，
而一个停留在孩童时期的成人却无法做到。

当我的父母能够接受属于他们自己生活中的所有不幸时，
会发生什么？
而当我想取代父母的位置为他们承受一切，
那么又可能会发生什么情况？

❤ 当我接受我之前排斥的一切的时候，比如父母身上我不喜欢的部分，并不是所有的东西都会进入我的内心。有一部分会停留在我身外。我同意一切，而进入我内在的仅仅是力量，其他的都驻留在外界，我不再被这一切侵蚀困扰，相反地，这一切痛苦的经历能够净化疗愈我。糟粕留在外面，精华深入心中。

可以为自己的母亲而感到喜悦的人，是生活中的赢家。

如果我们的第一份关系不成功，那么以后的关系都不可能成功。所有关系都始于我们的母亲。关系中大部分问题的出现都与我们和母亲的这份关系不圆满有关。

- 没有人值得或应该得到遗产。能放下它的人就是自由的，接受它的人就要侍奉它，那么，遗产就会处在生命的侍奉之中。

- 在新的洞见指引下，我们知道了下一步。这一步有它的两面，其中一面面对着我们留在身后的过去，另外一面让我们跨入未来。这一步既是告别，又是成就。但我们每次只需跨越一步，不要多。然后我们停下来，等待，直到我们再一次有了新的指引。

♥

成功取决于，

在你的灵魂中是否有些东西向着解决方法移动。

但是这需要一个告别。

孩子必须告别某些东西，

而这是一种要求很高的事情。

不是每个人都可以做到它。

但如果他一直留在问题中，

他就是不幸福的。

在外人看起来这好像很糟糕，

但是对他来说并不是。

因为他感觉自己作为孩子，

安全地藏身在家族的命运中。

- 疾病是灵魂富有创造力的移动，与反对疾病恰恰相反，我们和疾病一同移动，疾病是爱的移动。孩子往往愿意接管疾病。但疾病想去的是其他地方，不是和我们在一起。除非我们朝向一个更加伟大的东西移动，否则疾病就会让我们停下来。

- 能像接受其他东西一样去接受爱，这才是伟大的。当我能够真正去接受的时候，我就也能够去给予。给予的开始，是正确的接受。

- 懂得接受，与奉献有关。而奉献只有当我们不企图控制的时候才能得以实现。有些人不断地给予，是因为他们企图得到回报。他们的给予是为了获取。

- 作为成年人，我们给予时不期待对方必须回报，也不期待对方给予他不能给予的。在这种态度下，我们会获得为人父母的力量。在这过程中，接受就完成了。世世代代的传承从这里开始。

- 所有的人都与其他人相联结，
无人能够真正单独存在。

- 我们所处的场域决定了我们所能观察到的和我们的所作所为。当然，在我们所属的场域中，我们也有一定的自由度，但是认为自己能够完全自由地脱离所属的家族场域的想法是一种不折不扣的幻想。这种幻想，已让许多人付出了代价。

- 分清界限是关系设定的一部分，而不是对关系的质疑。

- 当来访者抱怨童年经历时，她真正在做什么？她希望能改变过去既已发生的事实。如果助人者也为她的过去感到惋惜遗憾的话，那么他也在希望过去能有所不同，在这种情况下两个人都偏离了现实。当我们抱怨过去发生的一切，就等于丧失了力量，白白浪费了往事要带给我们的成长。

- 深陷治疗性关系的助人者，可能在幼年时期曾经试着拯救自己的父母，他们长大了继续试着拯救自己的来访者。他们认为自己的地位优于来访者和来访者的父母，事实上助人者在来访者所属系统中的序位是最低的。

- 如果一个家庭里的父亲或者母亲很年轻便过世，他们的孩子通常会深陷其中，甚至要追随双亲死去。伴侣之间也会有同样的情形。当夫妻之中某个人发现另一半有寻死的想法，那么他或她会想替另一半完成。这一想法立足在极深的爱和尊重上，但完全不理性。这大多是发生在意识层面之外的。

如果一个孩子坚持对父母提要求，
或者期望父母有所不同，
那么他就无法从父母那里脱离出来。
这些要求使孩子与父母羁绊在一起。
但是尽管有这样的羁绊，
这样的孩子却无法真的拥有父母，
父母也无法真的拥有这个孩子。

❤ 我们该如何回忆惨痛的历史呢？我在心灵中给历史中的人们一个位置，面对所有的伤亡者，我的内心可以得到和平，然后可以让这些历史上发生的一切成为过去。因为他们在我心中，所以他们也不再与我分离，因为他们一直在我内心中，我带着他们一起走向未来，共创未来。这是一种有疗愈性的回忆方式，同时也能让过去发生的一切，真正成为过去。

如果人们可以真正平和地看待过去的事情，忘记过去，但不是刻意压抑去排除记忆中的往事，那么他们就能学会不利用过去来索取未来，尤其是不去要求他人，要求得到补偿。

我得到的最重要的经验是：所有的逝者，无论是被害者还是加害者都一样，都会想要走向对方，得到和解。假如他们的后代抓住祖先的死亡不放，同样的悲剧会再次重演，后代的这种行为阻止了和解的进行。

- “良知”阻碍了和解的达成。所有重大冲突的能量都汲取了“良知”的力量。所有攻击他人的罪行，都来自那些自认为他们有“良知”的人，因此他们认为自己清白无罪。他们以为“良知”授予他们权力去攻击、伤害其他人，甚至彻底摧毁他人。暴力攻击行为源于“良知”意识。

- 我们必须一步一步地学习，一切从内在的态度开始，这是内在成长的道路。但有时，哪怕通过灵魂的移动，我们也无法找到解决方案。即使是灵魂移动的排列，也有它们的极限。

- 很多人表现得像个受害者，但是事实上他并不是受害者，他并没有受到任何不公平的待遇，他利用受害者的权利向加害者要求补偿，而且真正的受害者也没有赋予他讨回公道的权利。

- 当某个人拒绝接受他们的命运或者罪恶感时，这种力量会将问题推到下一代的身上。

- 只有那些与创造性的力量一致，并且清楚自己方向的人，才值得我们去追随。当然有人不这么做也能成功。只是我们要问：这种成功能持续多久？能达成多少好事？而又要付出多少代价呢？

- 如果我们处在一个困境中，不知道是该随顺而行还是该奋力一搏，同时也缺乏智慧和力量找出适当的解决之道，在这样进退两难的时候，我们不要抓紧这个困境，最好把它抛在脑后，让自己随着伟大的心灵力量凝聚下来，不带目的、不怀恐惧地让自己被引导。

个人的幸福和痛苦受到家族影响的限制，
就好像整体限制他的各个部分一样。

家庭系统里的动力和爱之间的较量从头到尾
都是一个巨大的悲剧。
要把自己从这个战场中抽离出来，
我们就要抛弃自负，
回到系统法则中自己应有的位置上，
同时让那些较早来到系统的人重新回归他们
在层级中较高的位置。

- 在系统排列里，我们一直观察到，每一个死去的、生病的和遭受厄运的人都希望活着的人好好活着。一个人的死亡和不幸就已经够了，死去的人希望活着的人一切都好。活着的人如果能够尊重死者的命运，真正把他们装进心里，就能感受到爱的力量，不会追随而去。

- 通过受苦和自己的父母连接在一起，对孩子来说，是一个极大的诱惑。但是成熟的爱要求孩子们从家庭的牵连中释放自己，不再重复那些有害的事情。

- 谋杀者会失去灵魂，所以在往后的日子里他们将不断寻找自己的灵魂。如果谋杀者在死前都没有找到自己的灵魂，那么就会有后代继续替他寻找。谋杀者的灵魂在哪儿呢？就在受害者那儿。唯有走回受害者身旁，他们才能重新拿回灵魂。

- 我全然地接纳我生命中的所有，不排斥任何一个面向。对于过去令我感到艰难的事情，或目前仍然令我吃苦的所有事情，我通通接受并和它们形成联结。唯有接受全部的一切，我才能和生命的丰富和深度相连。

- 我们是如何成长的？我们如何从狭窄变得较为宽广，从受限制变得更完整，最后进入圆满？在成长过程中，我们一开始可能会拒绝或不愿意整合某些东西，然后慢慢地变得能够整合并且给它适当的位置。爱会成就这一切。

- 如果我运用医疗模式下的医患关系进行助人工作，来访者的地位是变高还是变低？我会帮助来访者成长，还是让来访者变得更像小孩？

父亲不仅仅是一个男人。因此我所说的父亲一定不是站在和女人对立的位置的，因为这个父亲是母亲的另一面。

未来是过去的一种延伸、完成的状态，移动是由过去导向未来。对我们而言，移动万物的力量超越了我们能够理解的范围，所有思考的动力也是来自这股力量。

♥ 当关系中的给予能够依照事物本质的需要而发生时，

关系就能够维持和谐，

一如我们的感知有上下、前后、左右。

我们摇摆的方向可能是前后左右，

但我们与生俱来的本能反应会使我们设法维持平衡，

以免灾难发生，

所以大部分时候，

我们都会维持直立的姿势。

- 我们在身心灵之中体会不同层面的爱。我们无法只单独体验某一种爱，因为这三个层面共同在起作用。但是，身之爱、心之爱与灵性之爱却有着不同的质与量。

- 和谐一致的人总是保持在运作之中。在和谐里，我们是和某个人或某个事物一致运作，并与之同行。有一股运作力量将掌控我们，我们只是放下，并与其合一。这是道的力量。

只有真正处在此时此刻的人，才是觉醒的，因为没有什么会让他分心。如果他分心了，没有全神贯注，他会在哪里？心有旁骛，他便在其中昏睡了。他睡在一个“大梦”里，那些不存在的、不切实际的东西仿佛都是真的。

对于任何想自杀的人来说，自杀不过是一种接近已经逝去的家人的一种仪式。这样的人会想象他们正被吸进死亡之中，并躺在已逝家人的身边。或者可以说，想自杀的人是和死者一起生活，而不是与那些活着的人在一起。

- 当人们情绪高涨时，他们通常会闭上眼睛。那是因为内在的画面会互相影响，所以他们要闭上眼睛。一旦他们睁开眼睛，就无法维持内在的画面，也因此，感觉会有所改变，他们会恢复清明，能量才有办法继续转动。

- 当你失去你真心爱着的人，一段时间之后伤痛便会抚平。
但如果你对某人有着愤怒，例如，你因他的自杀而愤怒，
那么你的伤痛就不会消失。你甚至不是为了他感到悲伤，
而是为了自己。

- 作为排列师，我们要以现象学的方式体验和洞察，其首要条件是没有意图。一旦你有了意图，就会把自己的问题混入事实中，甚至可能会改变原本的东西，以符合你的内在想象，你也会依据自己的想象试图说服或影响其他人。

- 认知可以同时有方向又不具有方向，同时是专注的但又是放空的，一切俱存。

♥ 如果一个人不停地唉声叹气，抱怨自己的年少岁月有多悲惨，他会想采取行动吗？他对我抱怨这些做什么呢？透过这些抱怨，他想告诉我："因为种种悲惨的原因，所以我无法行动。"如果我帮助他的话，那么所有花费的心血都将付之东流。人们若想跟随心灵的移动成长，其中不可或缺的条件就是"意愿"，而抱怨之人毫无意愿可言。

● 来访者所说的大部分话，
都是为了抗拒真正的问题。

● 一个人爱上一个人，
真正的原因是，
他们爱上彼此的灵魂，
而灵魂是不能拿来比较的。
对吧？

- 我们真正看见的，经常与内在的感觉、希望、恐惧等画面冲突。真正的“看见”能够消除恐惧，这是很重要的第一步。心理治疗师的工作是带着个案真正地“见”，同时不受恐惧、期望等内在画面的干扰。

- 很多治疗师表现得很软弱。他们不让人们面对自己的生命，不让人们面对一切后果，因为他们认为有些人不知道如何像人一样生活，如何面对一切后果。这样他们就通过同情陷进去了。爱是坚强，不是软弱。

- 如果我们能接受母亲所给予的，这就是我们取得的第一个巨大的成功。生命中接下来的成功，都是这第一个成功的结果。

- 对母亲赠予的爱感到失望，这是怎么回事儿？它让人失望，是因为我们所期待的要超过实际可能得到的。但是如果我们承认，我们已经得到了我们需要的一切，那么我们就可以对母亲说："够了，足够了。其他所有的一切我会在别处寻找并获得。"然后，爱可以继续，一种人类的爱，不过分要求的爱。

如果一个人带着一个想要被解决的问题来找我，
我接受与否的主要衡量标准是：
我会因此变得虚弱还是强大？
如果一个人带着一个问题来找我，
我会先对自己说“我愿意，我愿意帮助他”，
然后我会去感受我是获得了力量还是失去了力量。
一旦我感到失去了力量，
我就知道我错了。

❤ 治疗中也会出现个案案主不接受呈现出来的解决方案的情况。这实际上是因为在案主的灵魂里存在对抗。我在很多案主身上都可以看到，当他们命运很坎坷时，他们就会有清白感，而解决方法让他们害怕。因为一旦问题得到解决，他们就会与家族分离。

- 跟一个有深深恐惧的人在一起，是谁都无法承受得了的。为什么？因为我们会感觉到，这个人很危险。

- 只有抛弃旧的，所有新的东西才有可能到来。在一条道路上，只有将从前抛在身后，人才能前行。只会做梦的人，就只能留在原地。

● 案主常常会跑来找排列师，并要求安排一个排列，好让他们能感觉舒服一点儿。这是因为他们幻想排列师拥有神奇的力量，由此产生的憧憬让他们以为排列师真有什么神通。一旦排列师掉入这个陷阱，试图让某件事发生，那么灵魂将不会跟着起舞，这治疗也绝对不会成功。

● 在排列中，我无法掌握结果，我只是带出某些东西并且相信所有浮现的东西。我相信如果没有我的干涉会有好的影响。从一方面看，我似乎在做一些专横的事，但从另一方面看，我做的事却充满谦卑。因为我所做的是让个案案主自己决定一些事情，并且相信她将找到正确的道路。

- 在家庭系统排列中，我们有时可以看出命运是如何施加影响的。当一个命运浮出水面，我们可以与它和解。这样，命运通常都会变得友善。

- 如果你和你的灵魂断绝了联系，那么没有灵魂的参与，做什么排列都没有用。

『我的父母就是这样，我已经获得了我需要的一切，有一些人走进我的生命帮助了我。现在，我将因此而有所作为。』通过这样的态度，他们获得了自由，看向了未来。

爱意味着，在一个伟大的事物面前，承认所有其他人和我们一样。人性是一样的。原谅和忘记也是一样。承认在那个伟大的事物面前，我们全都一样。

- 事物通过画面起作用。我们每一个试图解释的尝试都会破坏那个画面。谈论会削弱画面的力量。这个画面是灵魂的画面，来自灵魂深处。如果我们通过头脑进入这个空间，带着一定范围的诠释，灵魂就会退缩。

- 联结施害者的唯一方法就是在心里给他们一个位置。然后他们才会变得柔软，在这之前他们是无法柔软的。任何一种攻击都会让他们变得更加僵硬。

- 多数人都有平衡生命际遇的本能。我们希望能够等量回报我们所得到的，当无法回报时，我们常常以自我惩罚来达到平衡。但这样的方式对于实际状况毫无益处，因为命运不是以我们希望的方式运作，也不会因为我们所做出的补偿而有任何改变。

- 我们无法通过罪恶、清白的法则来操控命运。只要生命和幸福存在，我们就以全然接受的态度去面对，无论他人需要为此付出什么样的代价。同样，这样的态度也允许我们在面对死亡或者沉重的打击时，也能同样全然地接受，无论我们是清白或是罪恶的。

♥ 我们在家族系统中常看到，当某位成员以关心之名试图干涉其他人的行为时，他们是盲目却自以为是的，这样的举动终将招致失败，甚至造成自我伤害。这样的事情常发生在家庭系统中后辈的身上。他们自以为有能力介入，却终将感到无力；他们自以为其介入有正当性，却终将体验罪恶感；他们自以为能够改善别人的命运，却终将以悲剧收场。

- 人们有能力给予是因为过去曾得到父母所付出的；孩子能够接受是因为未来他们也将为他们的孩子付出。先从他人身上获得的人，在未来必将要为下一代付出更多。下一代也许会有获得大于付出的情形，但是一旦他有足够的获得，他会为随之而来的人付出更多。

- 怜悯他人的人会将自己抬高，超过他帮助的人，并认为他可以或者被允许帮助那个人。其实他们想帮助的是他们的父亲或者母亲，但是因为没有成功，所以他们就在别人身上尝试，并变得像孩子一样热心，像孩子一样去安慰他人。然后所有人都失败了，悲剧无休止地重复。

许多混乱都来自某人在家庭中无法单纯地当个孩子，纠葛的负担太重，所以没办法与父母联结。例如，孩子代为弥补某人的过错，或是得再次重复一个不属于他自己而属于他人的命运。我们能给予的帮助就是为他找出正确的位置。

我们谦卑地站在全体中那个我们所属的位置上，不期望改变或更换它，这样，我们的心灵便能与所有事物达成和解。

- 当我们以爱的序位为出发点，罪恶和后果终将回归到它们原本的位置上，以一个悲剧来平衡另一个悲剧的恶性循环就能够停止，从而开始一个良性循环。不管前人为此付出何种代价，晚辈就是要接受前人所给予的；无论前人做过什么，晚辈都应尊敬他们的存在，让一切是非善恶随风而逝。

- “宁愿是我离开，而不是你”这句话迫使来访者不仅看到自己的爱，也看到亲人对自己的爱，进而认识到，自己希望为所爱的人做出牺牲，不但不能帮到他们，反而会造成他们的负担。

- 有人说："时光飞逝！"但时间从来没有飞走，
  时间只是如其所是！
  我们原本可以拥有一个如此伟大的生命。

- 任何人与人的交流都应有良好的
  个人节制及界限。

- 助人者也有一个位置和数字。
  所以我在这里也有一个序位。
  我该干涉你们吗?
  我的序位是零。

- 在每一个案例里,
  我总是后退。
  当我这样撤退的时候,
  突然,
  一句话或者下一步该如何进行,
  便出现在我的心里。
  于是我就把那句话说出来,
  或者把下一步排出来。

- 停止是一种疗愈的方法，我们承认那些为我们而设的界限。通常我们在排列能量的顶点停下来，然后一些东西开始在灵魂里移动。不是在我们的灵魂里，是在系统的灵魂里开始移动。

- 我们因别人所付出的代价存活，其他人也是因为我们曾付出了代价而存活下来，而且是极大的代价。因为觉察到这一点，即我们所付出的代价都是为了服务所有人的生命，于是生命转变为获得，而非失去。

当我们跟随着心灵移动，
在一段时间后，
便会逐渐感受到某种程度的安全感。
那么在这条路径上，
安全感何来？
那是全然的信任，
而且就只是全然的信任。

我处理问题的角度是系统性的，
如果能看到这些问题是一个更大整体中的一小部分，
那么不同的解决之道也会从中而生。

♥ 事实上，冲突一定是由内而外的，它先在内在发生，然后才能在外在的世界显化。

♥ 治疗效果是怎么发生的呢？人们终于允许痛苦的事情落幕，这就是解答。

- 问题的核心通常只有一个，找到它，走出下一步，治疗工作的主要部分就已经完成。

- 在伴侣关系中，每个人都只能给出对方能够接受并且能够回报的那么多。每个人都只能接受别人给的一部分，永远不会是全部。因此，只付出对方能够接受的那么多，这是一种很大的放弃，并能够培养出一对伴侣。

❤

当我们因为他人所付出的代价而受益时，我们会有罪恶感。在这样的命运下，我们无法事先做出任何防范去阻止事件发生或改变这样的际遇。我们通常在一个重大的生命事件之后，以自怨自艾来逃避命运经由事件可能带来的救赎或是罪恶。

谦卑的态度使我们了解，
命运并非操控在我们手中，
而是超乎于我们。
生命依据一种超乎我们所能理解的法则在拣选我们，
滋养我们。
谦卑是一种合宜地响应命定的罪恶和清白的方式，
它使我们和受害者有平等的地位，
它允许我们向他们致敬，
如是地接受一切，
并和他人分享我们所拥有的，
而非丢弃我们因他们付出沉重代价而得到的生命礼物。

- 人们有个根深蒂固的观念，认为不论是命运还是个人造成的罪恶，都需要通过自我惩罚的方式来消除，也就是通过伤害自己或让自己也不好过的方式来偿还，以为这样便能洗刷自己的罪恶，达到平衡。这样的想法与做法，对所有相关的人来说，都是灾难。

- 当孩子想要为父母承担命运，想替父母生病甚至死亡，好让父母免于折磨时，这就违反了序位法则。虽然孩子的动机是出于爱，但是他仍然需要承担违反法则的后果。

● 每一件事物都被它们服务的对象消耗着，它们都独自燃烧。已燃烧的，仍会持续发光发热。在消失前，它可能又会突然燃烧起来。燃烧过后，变成灰烬，新的一切也由此而生。

● 在这个更伟大的力量面前，我们最终都是一样的。在它面前，我们也可能忘记好坏的分别。只有当我们愿意，愿意去看那些更伟大的维度，我们才能继续和平，理解其他人。更重要的是，我们才能够去理解孩子们的特殊行为。

事业上的成功有着我们与母亲相处的影子。

当我们对母亲有爱及尊重时，

也将为其他事物带来成功。

当我们把母亲排除在外，

其他的成功也会因为她的缺席而从我们身边消失。

所以，

我们事业的成功从何开始呢？

是从我们的母亲开始的。

❤

当我们依循时间而非对抗它时，
它就能为我们工作。
时光的流动是一种象征，
如同创造力使我们的工作完满而能支持
并促进人们的生活一样。
事实就是，
完满的奉献带来成功。

- 序位总是和完整有关。被排除的人必须重新回归。这是在我心里的首要工作，无论现在还是未来。这是在用一种包含一切的方法帮助灵魂，帮助死去的和活着的人，帮助生命。

- 我们决定性的举动开始于一个决定，而这个决定源自我们的行动。每个决定都有它的风险，有时它是一场冒险，有着难以预料的结果。它常常是一个勇敢的决定。

- 让过去完全过去，承认它再也没有办法反转，是一种内在的成就。这是放弃的结果，全然的放弃。先要放弃，未来的成功才会到来。能够成功地放弃也是一种成功，它会带来接下来的成功，因为路途变清楚了。它们只需要到来就好，并且还会有更多的成功到来。所以，我们要把眼光放在哪里最好呢？当然是信心满满地向前看。

- 当一家企业最先看到的是员工以及他们的家人，它就凝聚成为一个为生命服务并有共同命运的群体，而这样的信念会动摇主要的竞争者。

- 我们也许认为，在其他地方会得到好运并带来财富，因而离开祖国。这个动机和我们与母亲的联结很有关系。如果我们和自己的母亲失去联结，那我们也会和故乡失去联结。而当我们再次与母亲产生联结时，我们就能回到祖国的怀抱。在故乡，我们能真正“脚踏实地”。

成功在我们道路的尽头到来。如果我们走在正确的道路上，成功便会靠近并在终点与我们相遇。成功的反面是失败，如果我们达成目标前就中止行动，失败便是不可避免的。

要想在思维的层面了解一种经历过的体验，就好像想抓住一团火一样，如果你非要明确地诠释它，到手的顶多是一把灰。

♥ 无论发生什么事，即便在我们看来它是一件坏事，或许给我们或他人带来一些伤害，但那都是在一个更深远的动力中到达另一个更好的结果的过程。而我们要如何处理那些因愧疚感而对自己或他人做的谴责呢？现在，或许可以闭上眼睛，让我们允许自己与这个更大的力量一起移动。

- 每个人都是有智慧的，
  没有它我们就无法生存。
  就连动物也是有智慧的。
  智慧与生命遥遥相映。
  它为生命服务，
  从而让我们也为生命服务。
  结果是什么呢？成功。

我们如何赚取金钱？我们因为达成某些事物而有所获得。金钱是一种反馈，提供给我们或者他人维生之道。这样的钱是在为生命服务。当人们为我们辛苦工作，而我们因为他们的努力获利时，我们相对地必须给予报酬。只有当我们给予合理的报酬时，我们才有资格保留他们为我们付出的成果。

最伟大的力量，就是蕴藏于自身的力量，它并不急于采取行动，而是等待最合适的时机。这是一种归中的力量，但并不威胁任何人。

当我们明白人类不是宇宙的主宰时，我们变得谦卑，放下存在的焦虑，并以我们拥有的每一根纤维，与生命中更大的能量联结。我们感受到挑战，同时又心怀感恩。

心，
是我们的第三只耳朵。
只有当我们感知到的不仅是进入耳朵的声音，
只有当我们听到声音中包含的真理，
只有当我们用心去听，
我们才能够知晓。

- 无论我们是否意识到，
  我们所遭遇的绝大多数痛苦都不是由我们亲身经历的事情引起的，
  而是由系统中的其他人所经历的或遭受的痛苦引起的。

- 头脑很快，
  却常常出错；
  灵魂缓慢，
  却直击要害。

没有边界的爱，根本不是爱。

❤ 胜利在幸福面前太渺小了。

一个对他人充满猜忌的人，

也会怀疑生命和命运。

他用自我武装去对抗生命的洪流，

从而招致灾难。

当不幸的事情发生时，

他几乎是用解脱的心态回应：“我早知道它会发生。”

但是不幸的事情并非来自外在，

而是始于心灵，

因此好运气，

也同样来自心灵。

- 完美主义源自爱的缺乏。为什么呢？因为这种不宽恕的态度表明，控制型的人没有持续性的成长。如果你坚持要求自己或他人完美，那说明你心底想要逃离这不完美的生命，其实就是希望走向死亡。

- 我们的命运是由每位进入我们关系的人组成的。他们成为我的命运，我也成为他们的命运。我爱我的命运，我也爱其他进入我生活领域的人的命运，它们丰富了我，有时也带着挑战或以负面的方式影响我。这也代表着我热爱且接受我的命运在他人身上产生的影响。

- 尽管我们互相争斗，但我通过对手成长，他也通过我得以成长。

- 真正爱他人的人，爱所有人。因此，博爱是同时爱所有人，包括爱自己。这种爱是纯粹的爱、满足的爱，因为爱在一切之中拥有一切，这首先包括拥有自己。

- 距离是放弃。它以告别童年为前提，让人陷入一种终极的孤独。但距离使我们得以纵观全局，保持我们自己的高度。我们保持关注而不失自我，我们也能够对那些不可言状的，以及更大、更多的一切保持开放。

- 家族系统排列是为和解而服务的，大多数和解是与父母的和解。